INTERIOR DESIGN COLLECTION

Leisure Design

室内设计特集
休 闲 设 计

北京大国匠造文化有限公司 编

中国林业出版社
China Forestry Publishing House

图书在版编目（CIP）数据

休闲设计 / 北京大国匠造文化有限公司编 . -- 北京 : 中国林业出版社 , 2017.7
（“室内设计特集”系列）
ISBN 978-7-5038-9133-5

Ⅰ . ①休… Ⅱ . ①北… Ⅲ . ①室内装饰设计－图集Ⅳ . ① TU238.2-64

中国版本图书馆 CIP 数据核字 (2017) 第 158155 号

策　划：李有为
制　作：卢海华

中国林业出版社 · 建筑分社
责任编辑：纪　亮　王思源

出　版：中国林业出版社（100009 北京西城区德内大街刘海胡同 7 号）
印　刷：北京利丰雅高长城印刷有限公司
发　行：中国林业出版社
电　话：（010）8314 3518
版　次：2017 年 8 月 第 1 版
印　次：2017 年 8 月 第 1 次
开　本：1/16
印　张：8
字　数：100 千字
定　价：128.00 元

Leisure & entertainment

休闲娱乐空间

杰克酒吧
JACK BAR

幸福里 G-ART CLUB
G-ART CLUB

虹桥坊温泉
HONGQIAO SQUARE HOT SPRING

浩燊高级定制会所
SHEN HAO HAUTE CLUB

黑洞魅影
PHANTOM OF THE BLACK HOLE

翡翠森林社区会所
EMERALD FOREST COMMUNITY CLUB

水仙沙龙丽都店
NARCISSUS SALON LIDO BRANCH

长江观光游轮 三峡5号
YANGTZE RIVER CRUISE SHIP 5

杰克酒吧 JACK BAR

项目名称 _ *杰克酒吧* / **主案设计** _ *陈武* / **项目地点** _ *江苏省苏州市* / **项目面积** _ *1200 平方米* / **投资金额** _ *2000 万元* / **主要材料** _ *大理石、瓷砖、嘉丽陶、彩色不锈钢、金属丝等*

A 项目定位 Design Proposition

杰克酒吧位于江苏吴江新城区商业中心市体育场及市政府行政办公中心区域。1000 平方米的娱乐空间，耗资 2000 万元打造，成就了最具江南特色的高档商业娱乐场所之一。

B 环境风格 Creativity & Aesthetics

设计师在杰克酒吧设计上不以只是风格作为规划主题的首要表现，而是揣摩经营者对于这个空间的热诚与期待，继而成为创意发想的元素与能量，在掌握到的经营者模式下，将苏派建筑风格传统元素，镂刻于立面上，作为与企业精神——研发与解构，完整呼应，衍生客制化的专属魅力。

C 空间布局 Space Planning

在消费呈现饱和甚至带有浮躁心理的时代下，稀少的就是极具优势的，中式酒吧的出现恰好弥补了市场这一空缺，并很好地吻合了部分人群追求怀旧的心理。杰克酒吧在一定程度上满足了人们追求品位和内涵的心理。习惯了酒吧光怪陆离，人们对于中式低调独特的神秘氛围报以好奇，设计师将苏派建筑风格特色运用至杰克设计之中，有的是满满江南园林 Feel，一扇扇镂空雕花屏风、圆形洞门，烛台吊灯、鸟笼式的舞台 ..... 为酒吧神秘中增加时空交错的氛围。

D 设计选材 Materials & Cost Effectiveness

设计师将杰克营造出的那种儒雅的文化环境与酒吧娱乐融合，体现出高层次的审美与文化修养，既吻合现代人娱乐需求，又能充分体现传统中式的典雅风味。室内软装家具以中褐色真皮皮沙发，配上传统中国红灯光加之传统元素屏风隔断的设计，很好地避免了古典中式风格所带来的沉闷压抑之感，让酒吧里的传统元素更为协调。

E 使用效果 Fidelity to Client

相信只要来过杰克的消费者们定会对杰克酒吧所营造出来的典雅的气息赞不绝口。

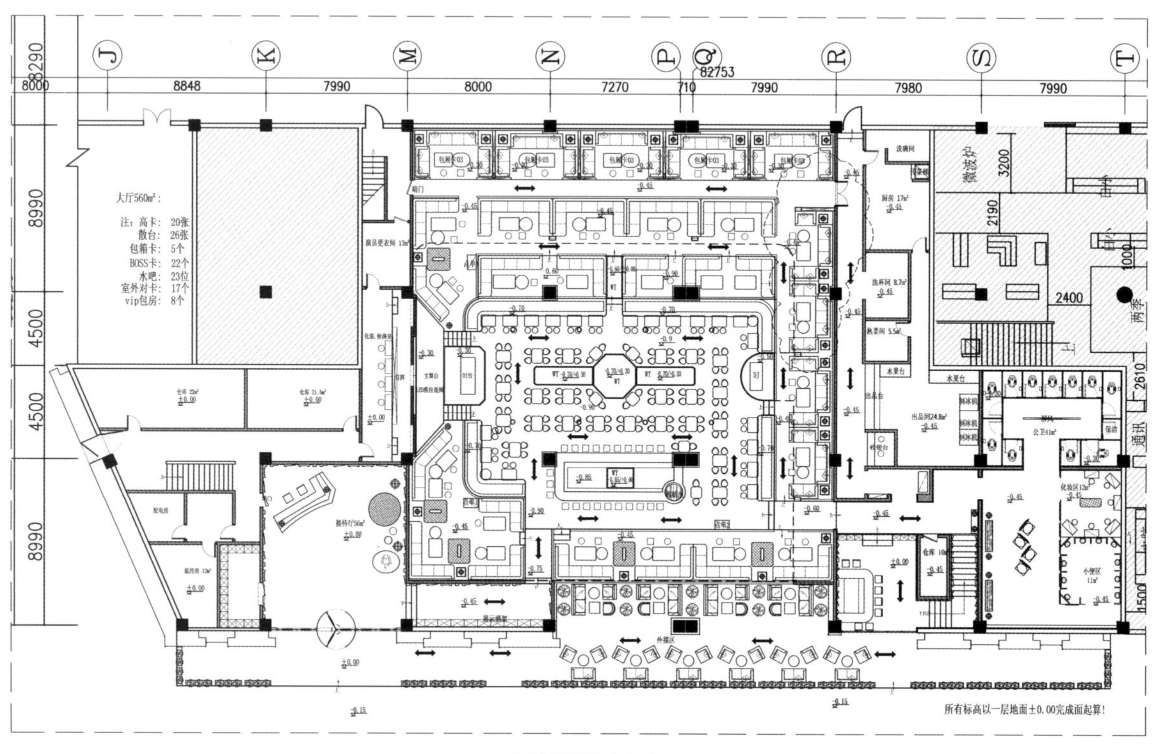

J
K
M
N
P
Q
R
S
T
82753
8000
8848
7990
8000
7270
710
7990
7980
7990
8290
8990
4500
4500
8990
大厅560m²：
注：高卡：20张
散台：26张
包箱卡：5个
BOSS卡：22个
水吧：23位
室外对卡：17个
vip包房：8个
微波炉
3200
2190
1000
2400
2610
1500
所有标高以一层地面±0.00完成面起算！

一层酒吧平面布置图

JACK CLUB
杰克酒吧

幸福里 G-ART CLUB

G-ART CLUB

项目名称 _ *幸福里 G-ART CLUB* / **主案设计** _ *黄全* / **项目地点** _ *上海市长宁区* / **项目面积** _*800 平方米* / **投资金额** _*800 万元*

A 项目定位 Design Proposition

设计师黄全将“东方”视为文化底蕴，“西方”用为设计手法，将现代元素和传统元素结合在一起，操纵着光影与虚实，并最终实现室内、建筑和景观无缝融合，呈现了一个游弋于烟火人间之上的诗意栖居——上海最美的屋顶会所。

B 环境风格 Creativity & Aesthetics

空间中弥漫着精美绝伦的现代风格，而自然色调加入，与空间内的深色系、暖意木纹，现代家具和专属订制而成的灯饰重新阐释了中式叙事语汇。

C 空间布局 Space Planning

一楼大堂没有过多的装饰，留给更多的空间与人对话，定制的人体艺术灯具就像空间的守护者，不仅给空间带来了一分灵气，更能让人能与之互动，每一个人都可以用它摆出不同的造型。从四楼顶面悬吊的红色艺术装置是黄全为空间量身定制，取名为《点滴》，水滴的形态贯穿四层的挑空空间，从底到顶的过程，寓意人的成功终归于点滴的积累，也借此表达他对艺术，对空间的情感。 楼梯的设计，黄全运用最多的手法是保留，保留了原有的结构和地面材料，甚至是残缺的部分，也是对原有建筑的尊重和留念，与之形成反差的是重新设计的富有雕塑感的栏杆扶手，简洁而不乏精致，与地面的残缺碰撞成了全新的美感。 五楼是设置了会客厅、餐厅、会议室以及多功能厅的屋顶会所，成为具有良好私密性的奢华用餐、休闲娱乐与商务之用的雅趣空间。

D 设计选材 Materials & Cost Effectiveness

G-ART CLUB 的改造之于上海，是一场新与旧的碰撞，是对上海城市的活性化和历史脉络的保有，黄全选择用“文化”的力量，承接上海记忆和尊严。

E 使用效果 Fidelity to Client

采用非封闭性的围合，使空间含有室内和室外两种空间性质，实现室内到室外景观的延伸，既丰富了空间层次，又减轻了人们的心理束缚。”

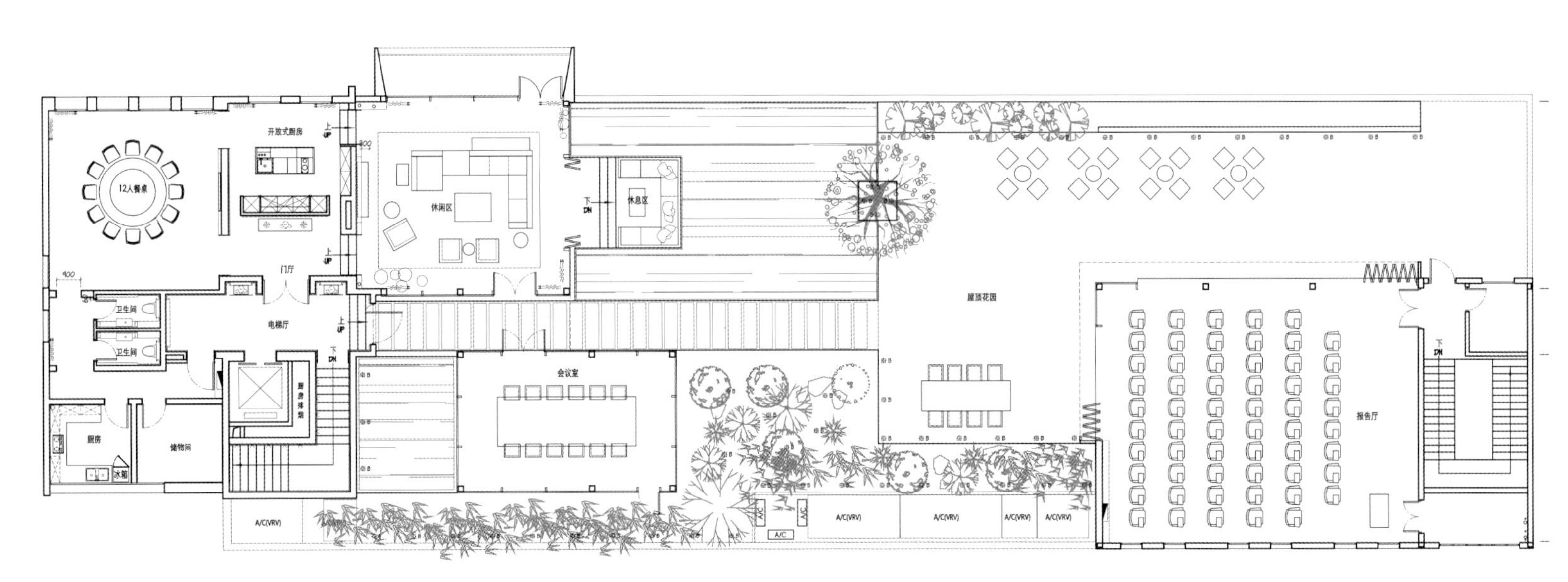
开放式厨房
12人餐桌
休闲区
休息区
门厅
卫生间
卫生间
电梯厅
厨房排烟
厨房
储物间
冰箱
会议室
屋顶花园
报告厅
A/C(VRV)
A/C

平面布置图

Egitto

2012
SIDE HIDDEN
MASTERPIECES OF WESTERN ART
SIDE HIDDEN
FACE LOOKING

虹桥坊温泉
HONGQIAO SQUARE HOT SPRING

项目名称 _ *虹桥坊温泉* / **主案设计** _ *孙黎明* / **参与设计** _ *耿顺峰、胡红波* / **项目地点** _ *江苏省扬州市* / **项目面积** _ *10500 平方米* / **投资金额** _ *8000 万元* / **主要材料** _ *石材、玻璃、防腐金属、陶瓷、竹子*

A 项目定位 Design Proposition

本项目空间设计力图创造一个时尚调性、强体验感、有完整空间叙事脉络的休闲气质业态。设计坚持"大中见精、伟中求雅、雍容里现知性、高贵中求亲和、人文中显国际化"路线，以丰富的空间表情和复合的业态结构，满足广泛的城市中坚人群身心需求。

B 环境风格 Creativity & Aesthetics

整体业态空间的环境塑造上由仪式感和"水"表情共同完成，木纹铝格栅的大面积采用不仅缔造了大空间的恢弘仪式感和空间气场，更流溢着自然、生态的感性视觉。而多种表现手法下的"水"造型，和石材肌理、纹饰即暗示业态属性，又丰富着生机活性的空间表情。

C 空间布局 Space Planning

体量巨大、功能空间类别众多，空间布局很容易形成平均化、散点化，缺失聚焦效应，为此，在整体把控上，材色的浑然整体、空间架构的阵列秩序完成了基调的一脉统一，而主次之间、个性塑造在空间布局上的考区分，则通过业态类型的不同而因势利导，比如负一层的动态型业态空间的灵动多样、一层动静交融业态的大小参差、二层静态业态的景致安谧，而公区部分则让位于舒适感、休闲意味，普遍大尺度、大视野、大块面。

D 设计选材 Materials & Cost Effectiveness

业态的专业要求（耐湿、防潮、防火、防腐），以及体量巨大功能空间众多，对石材、玻璃、防腐金属、陶瓷类材质使用率很高，为不使整个空间因材料的同质化而缺乏活性，对石材的选择遵循多样性原则，通过差异化的色泽、质感、肌理、实透的变化，结合部分生态、仿生态材料（木竹藤等）的综合化空间表现，创造出丰富、灵动、感染力强劲的空间表情和气质。

E 使用效果 Fidelity to Client

本项目虽隶属于虹桥坊温泉酒店，但其业态品质和影响力，亦然超越了从属配套的地位，成为瘦西湖片区最瞩目的旅游、消费地标。

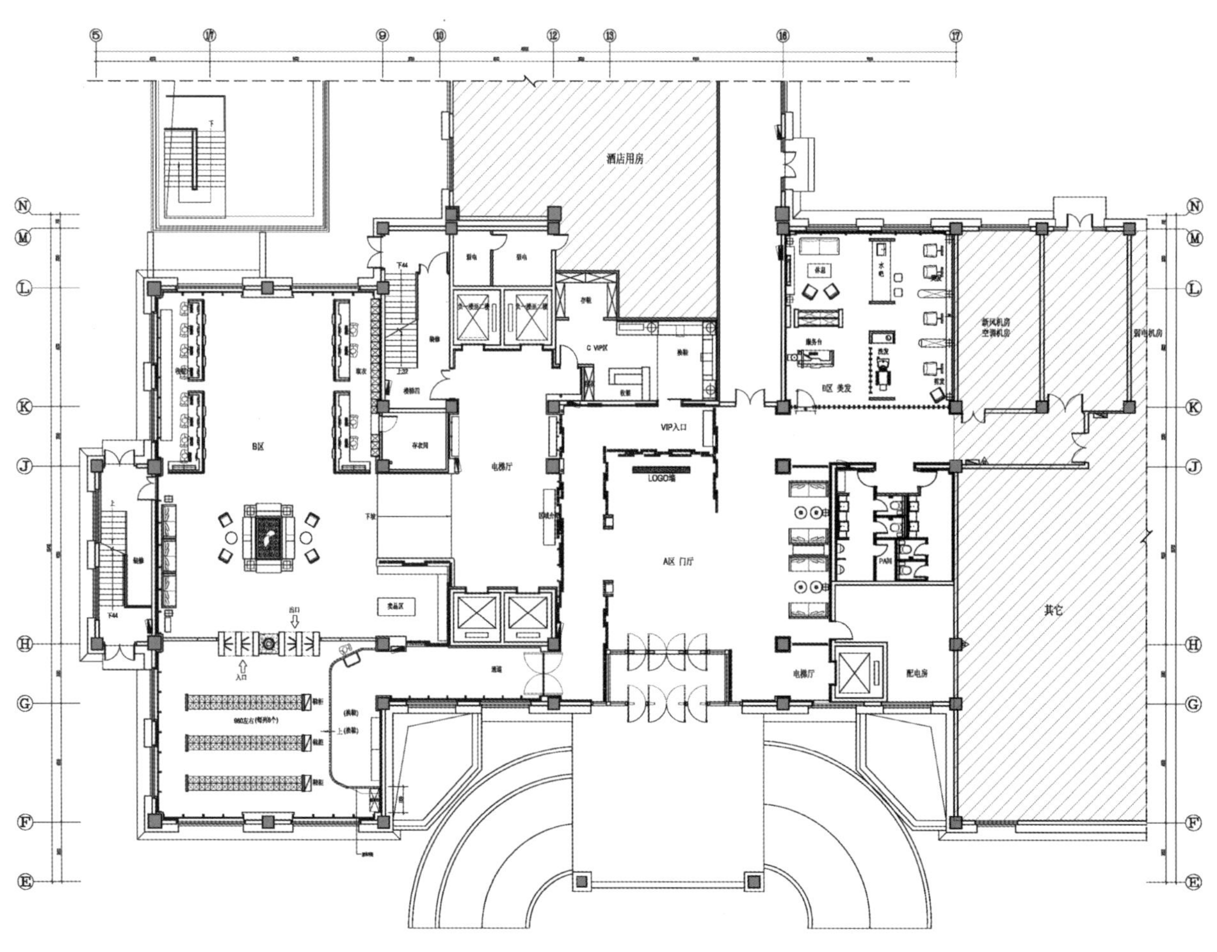

一层平面布置图

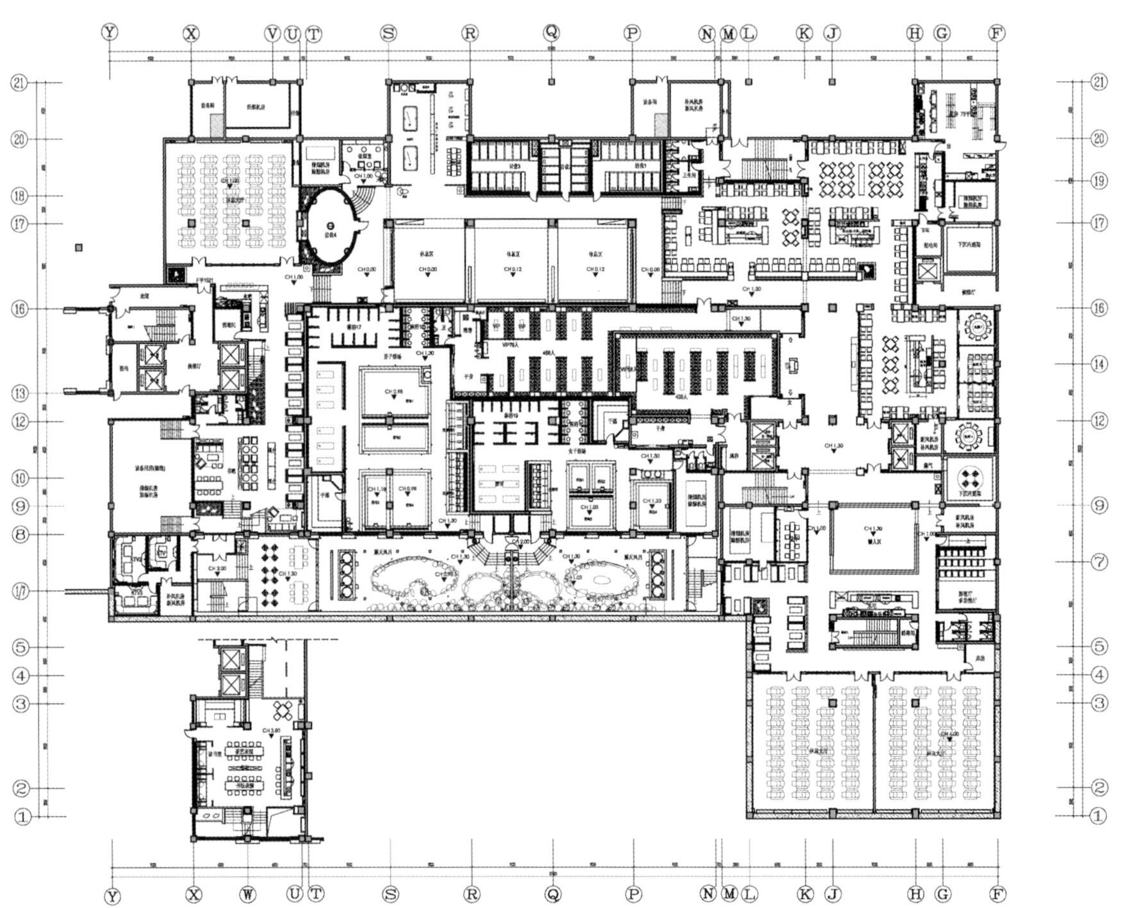

负一层平面布置图

木槿

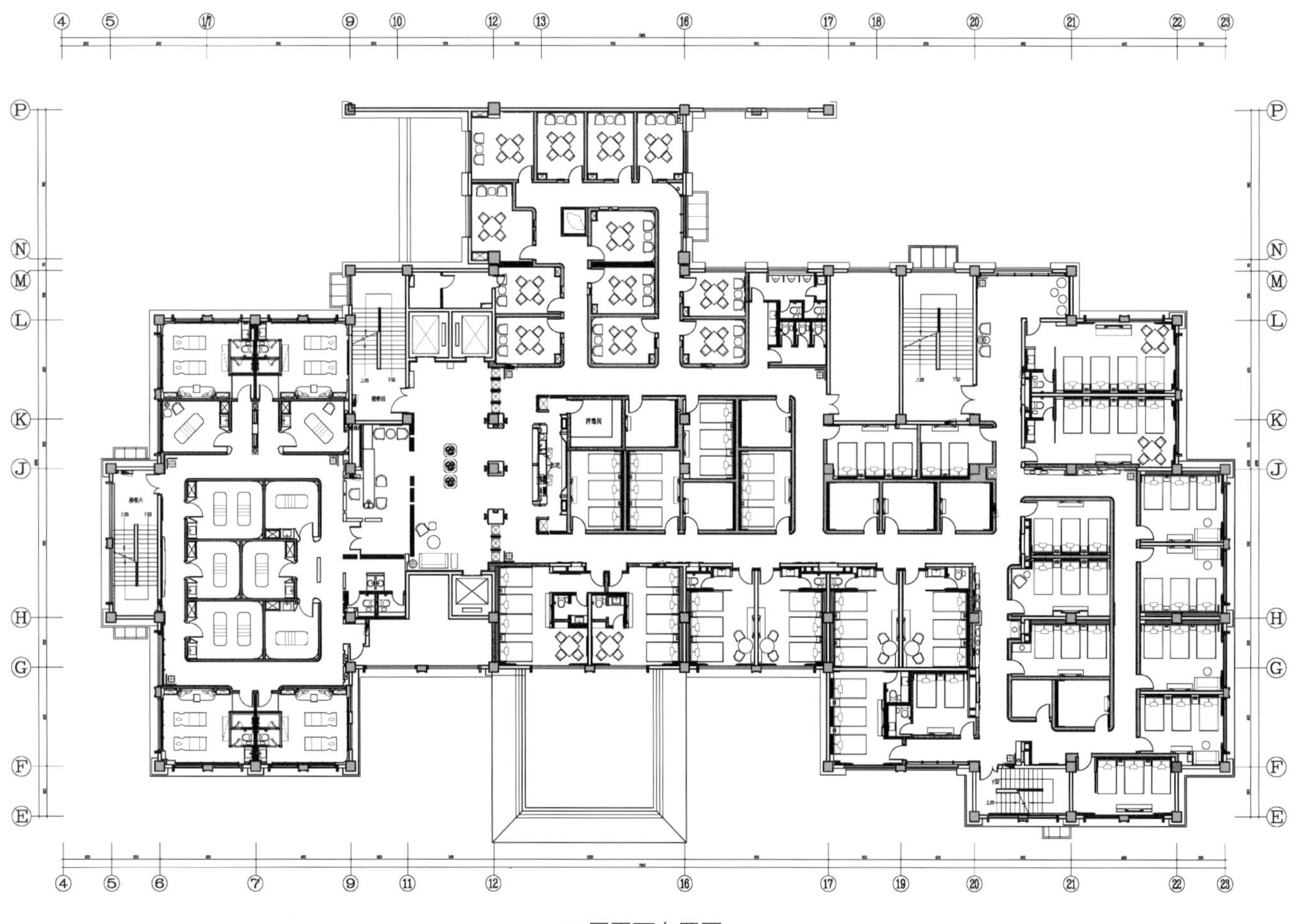

二层平面布置图

浩燊高级定制会所
SHEN HAO HAUTE CLUB

项目名称 _ *浩燊高级定制会所* / **主案设计** _ *余颢凌* / **参与设计** _ *谢莉、杨超* / **项目地点** _ *湖北省武汉市* / **项目面积** _*400 平方米* / **投资金额** _*180 万元*

A 项目定位 Design Proposition

我们在对浩燊高级定制会所进行全方位改造的过程中，兼顾武汉地域文化元素，将历史融入空间中，把这里打造成一个不仅是城市精英们雕刻服装的场所，更形成了一个文化社交的场域。

B 环境风格 Creativity & Aesthetics

我们利用“魔方”的概念，将魔术方块拉伸、排列、错落、组合与变形，变幻出极丰富的造型元素，赋予不同空间非凡的魔力。

C 空间布局 Space Planning

黑白金三色立调，以永不过时又时用常新的经典色系传达时尚的永恒与弥新。将原本人为压低的三米多层高挑空释放，增加空间的纵深与敞明度。错位的魔方旋转重叠，形成磅礴的体量感。原本的工业 loft 风格以及家具选材选型都与服装设计师 L 女士本身的优雅温婉气质相抵抗，我们于是做了这样素净的办公室氛围。原本的封闭会客厅改造成为了遗世独立的茶室，规避原本空间封闭的状况，并拒绝了改造前的黑色系家具，选用了极为淡雅的软装饰。原本的酒吧区域，并充斥着铁锈斑驳的油漆，无吊顶，极为沉闷闭塞，我们将这个区域重新改造为极具文化特色和社交氛围的多功能厅。

D 设计选材 Materials & Cost Effectiveness

根据不同区域的功能，营造不同空间的格调。

E 使用效果 Fidelity to Client

本案完工后不久，女主人在全新的空间中举办了开业仪式，宾客到访无不交相称赞，顾客更是络绎不绝，是一个很成功的商业设计案例。

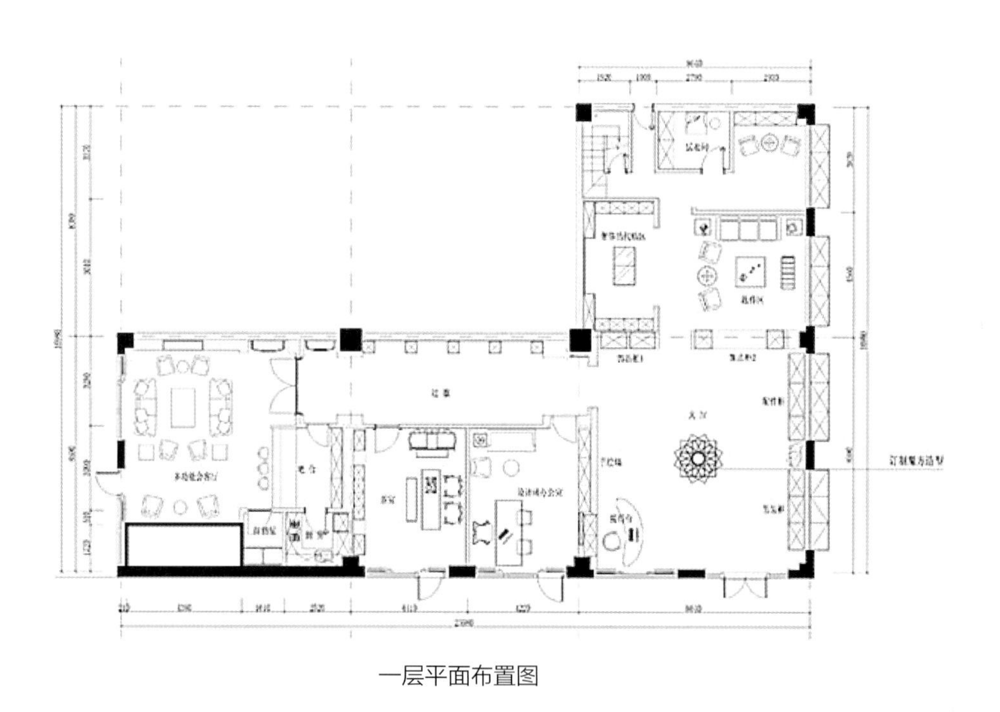

一层平面布置图

Но пусть она вас больше не тревожит;
Я не хочу печалить вас ничем.
Я вас любил безмолвно, безнадежно,
То робостью, то ревностью томим;
Я вас любил так искренно, так нежно,
Как дай вам бог любимой быть другим.
1829 - Александр Сергеевич Пушкин

黑洞魅影
PHANTOM OF THE BLACK HOLE

项目名称 _ *黑洞魅影* / **主案设计** _ *梁斌* / **参与设计** _ *刘全彬、王洋* / **项目地点** _ *浙江省台州市* / **项目面积** _ *4000 平方米* / **投资金额** _ *1700 万元*

A 项目定位 Design Proposition
人们的精神文化需求日益剧增，打造一所独具个性的观影空间，无论是对消费者还是经营者都是极具价值的。

B 环境风格 Creativity & Aesthetics
设计师将粗犷的金属做了细腻的展现形式，工业时代的装饰细节与个性且富有设计感的墙面造型，展现了设计师前卫的设计理念。

C 空间布局 Space Planning
空间相互分离却又紧密联系，自由而富有当代气息的空间设计，不规则分割的空间造型在空间中占主导地位，视觉统一，通过不同层次水平进行划分，整个空间自由而富有当代气息。

D 设计选材 Materials & Cost Effectiveness
金属的粗犷与黑色的神秘将影院打造成一个随性、自我的空间。在这里你可以放任不羁的灵魂驰骋于广袤天地之间。

E 使用效果 Fidelity to Client
作品投入运营后，以它独特的几何形态设计元素和炫酷的光影效果。给消费者打造了一个现代、时尚而又随性的观影环境，得到了消费者的一致好评。

9

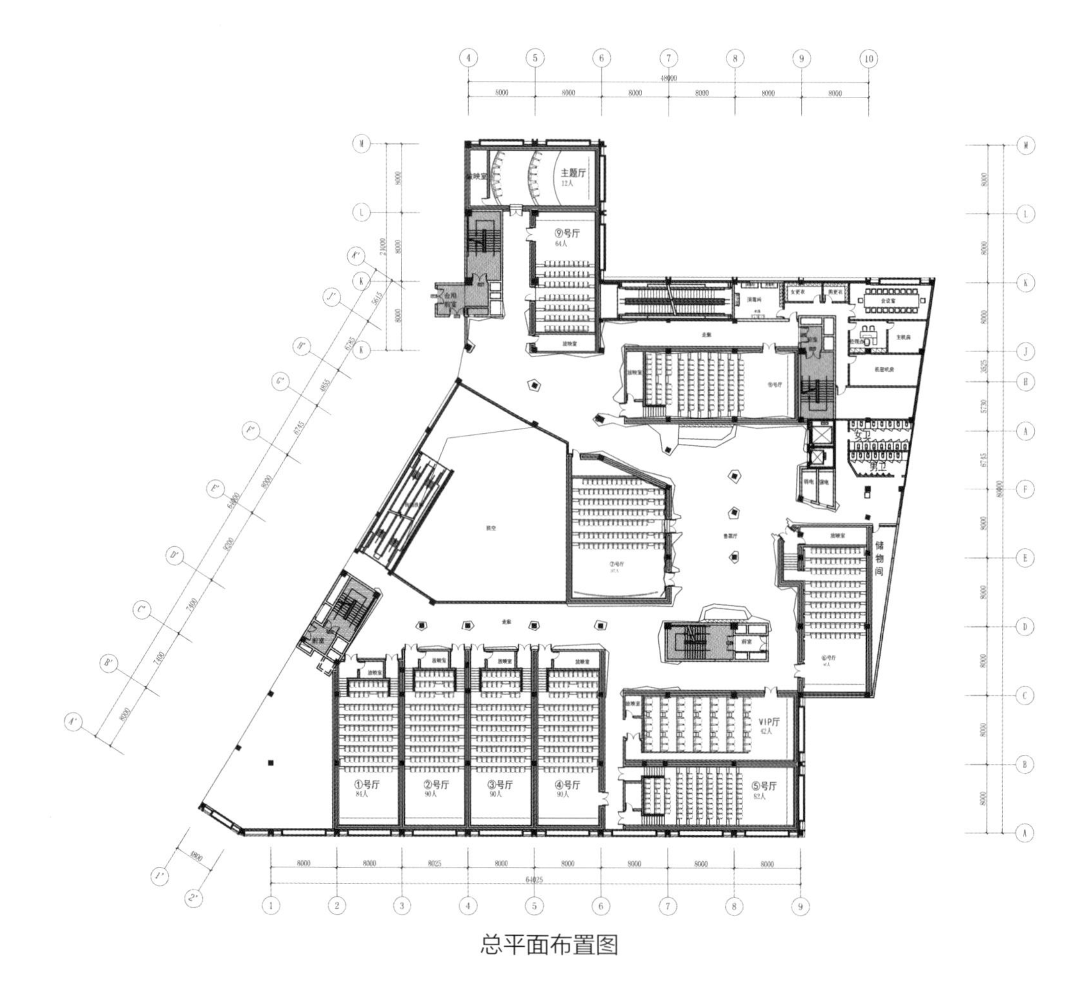
主题厅
12人
⑨号厅
64人
储物间
女卫
男卫
VIP厅
42人
①号厅
84人
②号厅
90人
③号厅
90人
④号厅
90人
⑤号厅
82人
48000
64025

总平面布置图

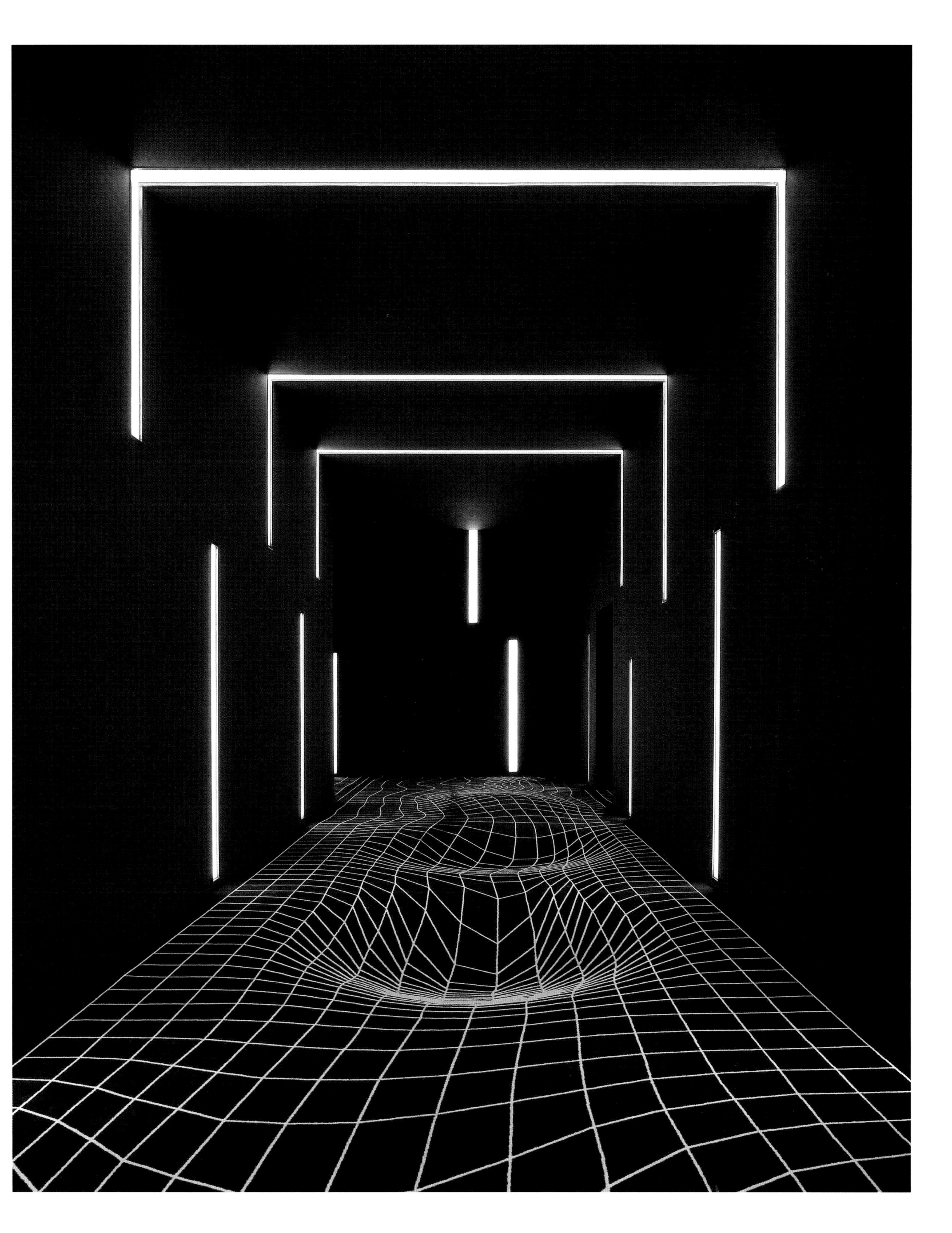

3
2 1

OSC

OSC

OSC
LASER STUDIOS

翡翠森林社区会所
EMERALD FOREST COMMUNITY CLUB

项目名称 _ *翡翠森林小区会所* / **主案设计** _ *罗耕甫* / **项目地点** _ *台湾台南市* / **项目面积** _ *2524 平方米* / **投资金额** _ *4477 万元* / **主要材料** _ *铝料、金属、玻璃等*

A 项目定位 Design Proposition

我们期许能够创造出与外环境和谐共存、共生、让生活能够亲近自然的建筑，让使用者感受师法自然所带来的美好。 将整个建筑看成一个有机体，每个楼层的外观，透过不同形状的平面做堆栈，打破一般建筑设计的思维。

B 环境风格 Creativity & Aesthetics

建筑楼层以自由的曲线垂直堆栈，是以大自然的形态作为发展设计的想法，景观水池、户外广场与建筑物也形成像丘陵地般的自然风貌；多种高度的平面，高低错落，且相互对应，提供人与人之间更多的互动与趣味性。将大自然的元素带入建筑与室内空间，森林耸立的枝干成为建筑的外墙与装修意象，打造生活与自然共存的居住环境。

C 空间布局 Space Planning

利用连续性的玻璃窗，打破空间界线的藩篱，庭园的内置，应用内化地景的手法，将自然引入室内，创造内与外的连结。不同高程的面，相互对应，让人与人之间增加更多的互动性与趣味性； 为了避开台湾南部西晒的窘境，建筑物西向几乎是实墙对应，减少热幅射对室内温度的影响，2F 泳池面向东方，与其对应的是大片绿树，舒缓了冬季早晨的寒风冲击，并提供东升的暖阳，下午西晒时，建筑物亦成为泳池的遮荫。健身房、瑜珈教室、妈妈教室、开心农场，多种的空间行为在这里产生，连结了不同年龄的族群，创造交流与互动。

D 设计选材 Materials & Cost Effectiveness

利用位差进行蓝带水力循环创造良好的水环境，在外墙采用奈米硅烷酮树脂涂料，具有抗污防水及良好的透气性，外墙板采用被动风墙的设计，结合了阳极处理的铝板与 RC 墙体之间留出缝隙可排出辐射热源，达到室内节能的效果。选用环保再生与可长久使用的建筑材料，减少材料的汰换率，降低对环境的冲击。

E 使用效果 Fidelity to Client

会馆除了满足居民在餐饮、阅读、健身、教学方面等基本需求外，更应达到交谊、人际沟通等目的，其中最重要的是创造出一个能够凝聚小区情感的感性空间。

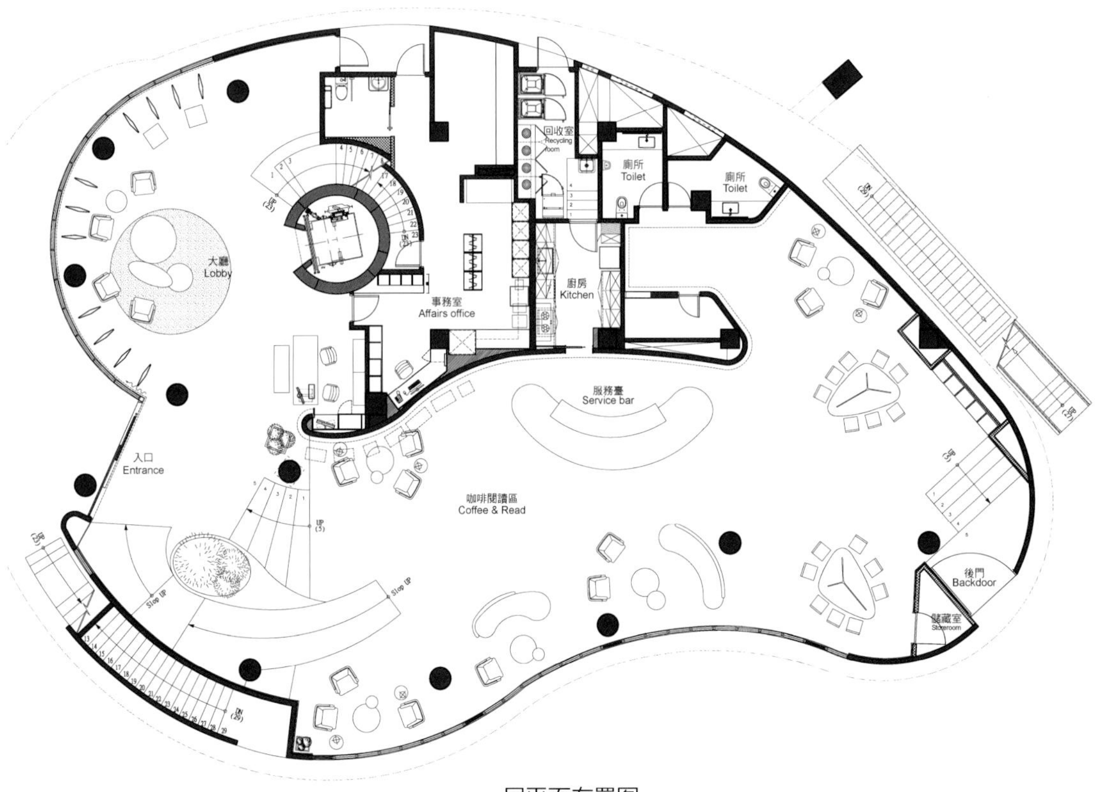
大廳
Lobby
事務室
Affairs office
回收室
Recycling room
廁所
Toilet
廁所
Toilet
廚房
Kitchen
服務臺
Service bar
入口
Entrance
咖啡閱讀區
Coffee & Read
後門
Backdoor
儲藏室
Storeroom

一层平面布置图

水仙沙龙 丽都店
NARCISSUS SALON LIDO BRANCH

项目名称 _ *水仙沙龙 丽都店* / **主案设计** _ *青山周平* / **参与设计** _ *藤井洋子、B.L.U.E. 建筑设计事务所* / **项目地点** _ *北京市朝阳区* / **项目面积** _*450 平方米* / **投资金额** _*360 万元* / **主要材料** _ *涂料、瓷砖*

A 项目定位 Design Proposition

现在都市中越来越多的人选择独居生活，家的概念逐渐从每个家庭剥离出来，向城市的公共空间中蔓延。在这种背景下，城市的商业空间正逐渐成为城市居民的另一个家。此次改造希望突破传统店铺的空间模式，回归生活里思考，引入家与胡同的概念，整个空间是一个和胡同相连可以穿行的连续空间，连接人与人、人与胡同的周遭共生。

B 环境风格 Creativity & Aesthetics

将店铺沙龙变成一个家，家的各个要素都被展现出来，同时这里也是城市的缩影，设计本在营造胡同里的家的亲切氛围。

C 空间布局 Space Planning

为迎合店铺的整体理念，在空间的形式与布局上更多地采用圆形的要素。在保证特定功能空间的同时，创造一个整体的连续的开放空间，增加了人与人之间交流的机会，模糊的空间界定使得室内空间像是胡同街道的延伸。

D 设计选材 Materials & Cost Effectiveness

地板、墙壁、天花、家具等都是使用了朴素的自然材质，忠实于材料天然的真实的质感，最大程度地减少人工的涂装加工，带给人一种粗粝又温暖的感受。在简洁的空间中，利用材质细节的设计表达新颖的构思，达到“不简单的简洁”。

E 使用效果 Fidelity to Client

在室内沙龙空间中再现了一个家的样貌和多样的城市生活感受，给人以踏实温暖的感觉，回到原点，回归生活。

水仙
narcisse
YANFF
研肤
YANFF
研肤
10+10
雪绒花

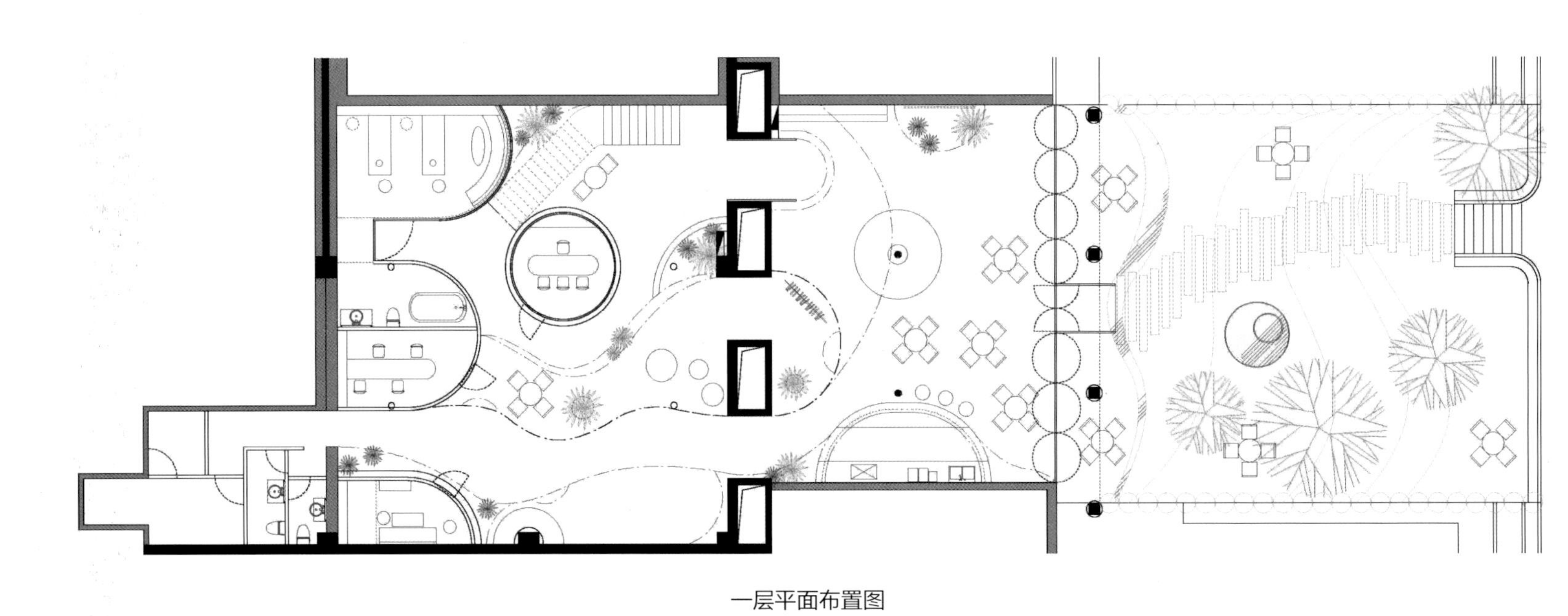

一层平面布置图

10+10

长江观光游轮 三峡5号
YANGTZE RIVER CRUISE SHIP 5

项目名称 _ *长江观光游轮 三峡 5 号* / **主案设计** _ *王治* / **项目地点** _ *湖北省宜昌市* / **项目面积** _ *300 平方米* / **投资金额** _ *500 万元* / **主要材料** _ *木质、金属*

A 项目定位 Design Proposition

在 21 世纪的今天，大型豪华邮轮，已经不仅是一座可以移动的超五星级酒店，更是一个在大海上流动的休闲度假村。除了具备酒店基本功能外，它还可以设有多项运动娱乐设施，各种风情餐厅，剧院、SPA、夜总会、绿化公园，甚至是赌场等等，集观光、旅游、休闲、娱乐于一体，当初那种遥不可及的美丽与感动，已成为当下人们的时尚消费与享乐的一种生活方式。

B 环境风格 Creativity & Aesthetics

先了解和游轮设计相关的一些知识，也许能更好地理解设计。关于船舶室内空间装饰的设计领域，也有很多的细节，远洋豪华游轮、内河涉外游船、内河近海观光游轮、公务船、私人休闲艇、趸船等等。不同功能定位的船舶它们在设计建造运营上都有很大的区别。

C 空间布局 Space Planning

长江三峡 5 号属于内河观光游轮，在此之前设计团队已经经历过 4 艘同类型游轮的建造，而三峡 5 号在完善其他几艘游轮的同时，又和其他几艘有了一些区别。

D 设计选材 Materials & Cost Effectiveness

观光游轮航线设计的航程时间一般是 1~2 小时，尺寸设计 30M~60M 不等，而三峡 5 号的要求比较特殊，它的航线设计是从宜昌出发，穿过两坝三峡到奉节，航程时间长达 8 小时，船体的尺寸达到 97 米，它的船体尺寸甚至远远大于很多航程在数十个小时以上的涉外游船尺寸，由于它的航线长，载客量大，在空间分布和装饰上与常规的观光游轮设计就有了很大的区别。

E 使用效果 Fidelity to Client

三峡 5 号的设计是典型的商业设计的范畴，所以功能决定了它的形式。无论是空间分布、风格定位，还是材料运用，都始终要服务于运营和管理，这一点的设计上和商务酒店设计的理念是完全相同。

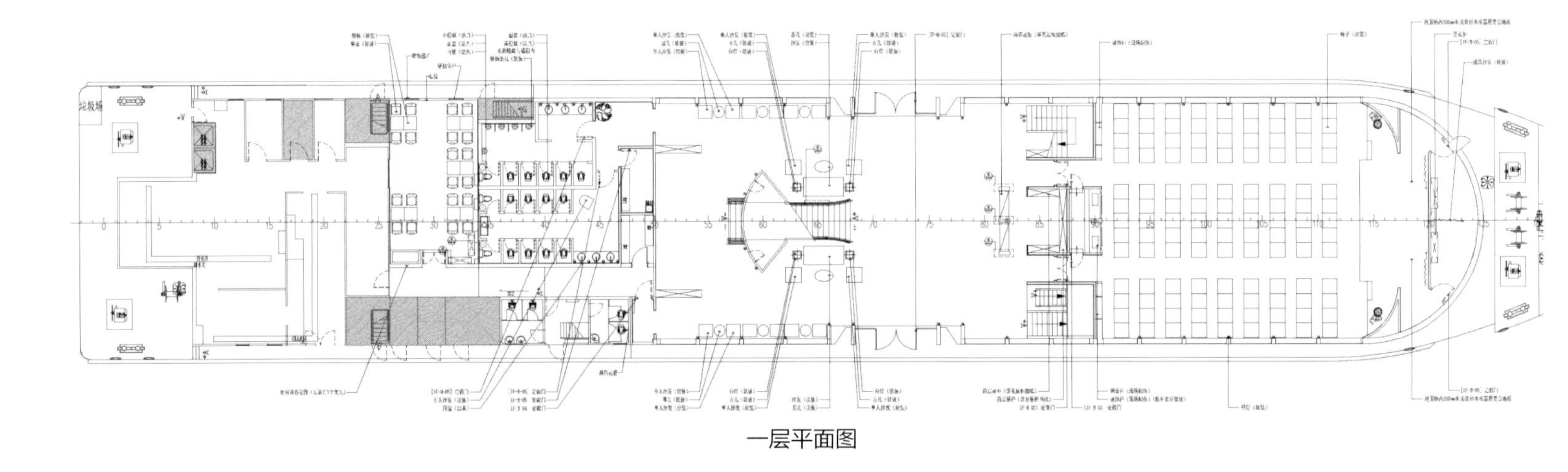

一层平面图

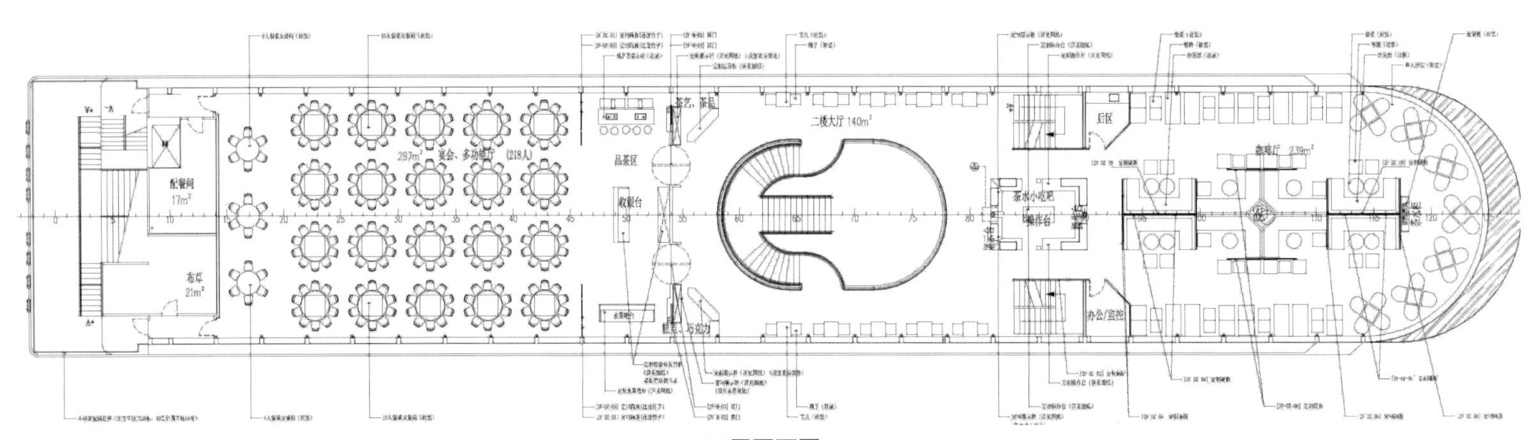

二层平面图

Retail
零售空间

金沙不纸书店
GOLDEN SANDS BOOKSTORE

引力空间家具展厅
GRAVITY SPACE FURNITURE EXHIBITION HALL

鼓岭·大梦
GULING · DREAM

生长的记忆美祥1969木制体验中心
GROWTH OF THE MEMORY-1969 MEIXIANG WOODEN EXPERIENCE CENTER

新华里咖啡书屋
XINHUA BOOKSTORE CAFE

Plus服装店
PLUS CLOTHING STORE

S.life生活馆
S.LIFE LIFE MUSEUM

英良石材档案馆
YINGLIANG STONE ARCHIVES

Blackzmith
BLACKZMITH

瑞欧典藏家饰高雄店
DE SEDE COLLECTION FURNISHINGS STORE IN KAOHSIUNG

金沙不纸书店
GOLDEN SANDS BOOKSTORE

项目名称 _ 金沙不纸书店 / **主案设计** _ 郭晰纹 / **参与设计** _ 吴耀隆、吴宁丰 / **项目地点** _ 四川省成都市 / **项目面积** _2383 平方米 / **投资金额** _1200 万元 / **主要材料** _ 瓦楞纸等

A 项目定位 Design Proposition

运用时光隧道、植物墙、“创世纪”油画、金沙艺术装置等元素以体现金沙不纸书店，打造一个时尚、人文、绿色、健康、科技新型家庭式阅读体验，生命不息，学习不止。

B 环境风格 Creativity & Aesthetics

营造人文环境，多方面结合：室内智能照明系统、垂直绿化、生态农场、声环境控制、高效通风、回收利用、咖啡 DIY、文化展示。

C 空间布局 Space Planning

融合传统书店与传统售楼处，白色旋转楼梯直通二楼，特设儿童阅读室与家庭阅读室，书籍无处不在，氛围轻松和谐，给售楼处以全新体验。

D 设计选材 Materials & Cost Effectiveness

采用瓦楞纸的元素，环保新颖，全瓦楞纸打造儿童阅读室，高低挂灯，家庭阅读室风格独特，取材五大洲特色，恍如身临其境。

E 使用效果 Fidelity to Client

投入运营后得到了甲方的高度认可，在当地有一定的知名度与影响力，诸多媒体竞相报道，广获好评。

刺客信条

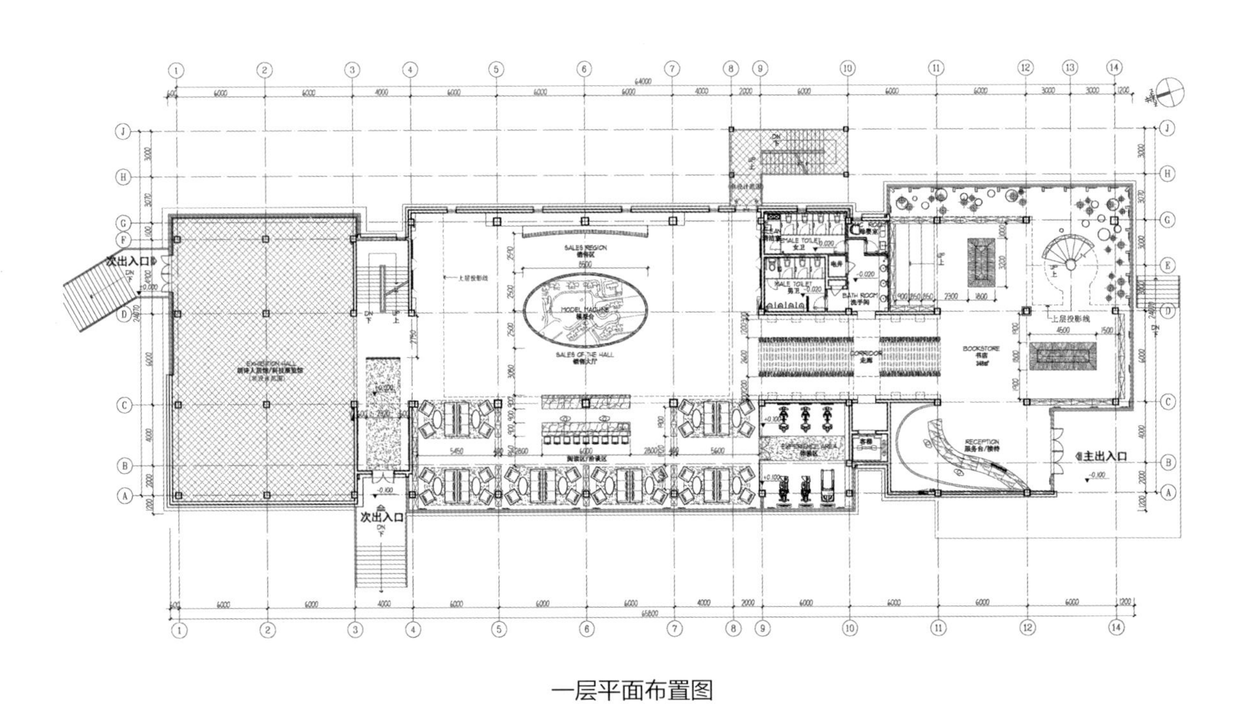

一层平面布置图

世界历史之中国历史
勒布朗·詹姆斯传
LEBRON
JAMES
必然
鱼羊野史
事现在不做，
子都没机会做了

百问百答

毛毛虫嘉年华
Cinderella
仙履奇缘
大王乌贼

引力空间家具展厅
GRAVITY SPACE FURNITURE EXHIBITION HALL

项目名称 _ *引力空间家具展厅* / **主案设计** _ *方雷* / **参与设计** _ *赵佳宇* / **项目地点** _ *浙江省杭州市* / **项目面积** _ *1000 平方米* / **投资金额** _ *50 万元* / **主要材料** _ *石膏板等*

A 项目定位 Design Proposition

位于杭州城北创意园内的这间办公家具展厅，在空间设计上，摒弃繁复的设计手法。通过简洁的设计手法表达创新型的办公理念。

B 环境风格 Creativity & Aesthetics

展厅运用工业风的装饰手法，裸露的天花，混凝土柱体，原木书柜及钢的自然生锈等不同装饰材料。在风格上更具创新，使得在同类办公家具展厅中独树一帜。

C 空间布局 Space Planning

在平面布置上，将私密办公空间、开敞办公空间、休闲娱乐等空间用参观动线将之串联起来。采用“分流路线，聚焦一点”的设计手法。巧妙融合在通透的室内，赋予整个展厅舒适、自在的办公环境。

D 设计选材 Materials & Cost Effectiveness

材质间不同属性的融合是展厅别样的设计创新点。空间中使用的最多的是石膏板隔墙，简洁的白空间在木材质的烘托下更给空间添了几分温暖感觉。中心区的几片冲孔钢板隔断在经过特殊工艺处理后，钢板生锈的表面肌理与简洁白墙形成强烈对比，穿过锈钢孔洞的灯光让空间灵动，富有穿透力。地毯选用环保型方块毯，拼花的色彩处理使空间更富张力。

E 使用效果 Fidelity to Client

品牌所创达的理念与空间的设计手法高度契合，使该国际化品牌在国际化展厅中体现更强的产品价值。

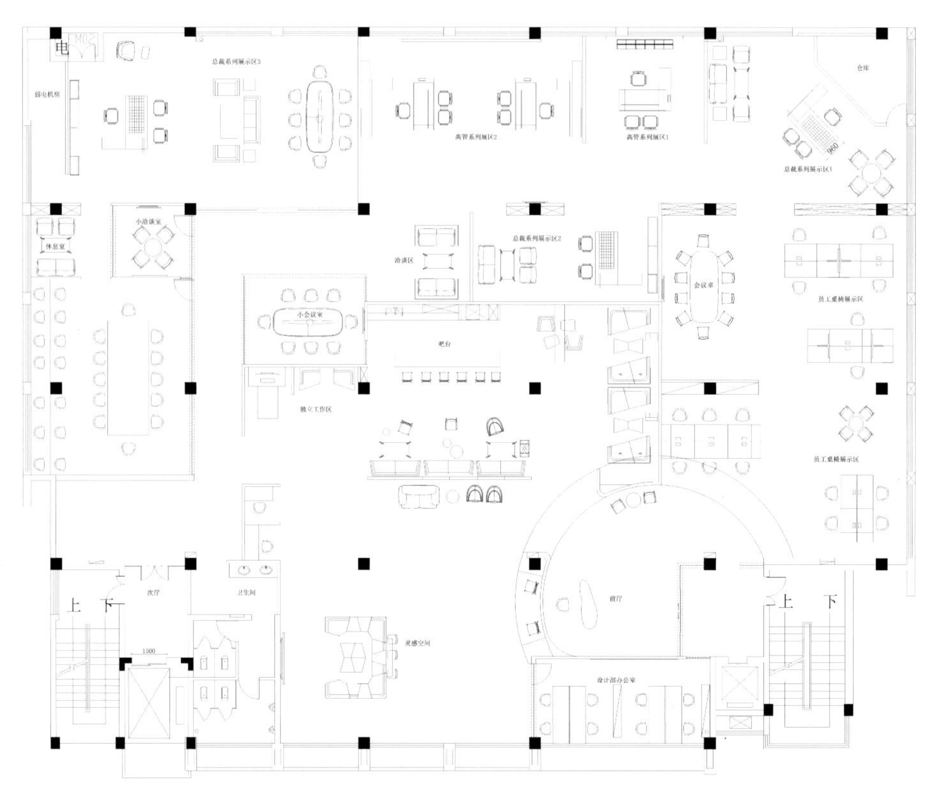
电
总裁系列展示区3
弱电机房
高管系列展区2
高管系列展区1
仓库
960
总裁系列展示区1
小洽谈室
休息室
总裁系列展示区2
洽谈区
会议桌
员工桌椅展示区
小会议室
吧台
独立工作区
员工桌椅展示区
次厅
卫生间
上
下
1500
灵感空间
前厅
设计部办公室
上
下

平面布置图

鼓岭·大梦
GULING·DREAM

项目名称 _ *鼓岭·大梦* / **主案设计** _ *黄婷婷* / **项目地点** _ *福建省福州市* / **项目面积** _ *520 平方米* / **投资金额** _ *150 万元* / **主要材料** _ *木材等*

A 项目定位 Design Proposition

鼓岭·大梦位于福州鼓岭柳杉王公园边上的一幢 20 世纪 30 年代民国风情的原国民党海军少将李世甲别墅中，传统两层木质结构，在鼓岭旧式以西式建筑为主的别墅群风格中独树一帜。设计师深耕建筑本身蕴涵的古典文化精髓，有机融入书香文化，将其设计成典雅、富有民国风情的书屋。

B 环境风格 Creativity & Aesthetics

该建筑物伫立在森林自然景观中，设计师充分利用周边生态环境，因地制宜，将阅读区域延伸到外景观开阔的转角、游廊，打造了一个个别致的专属景观，一楼将庭院围合出一个独立小空间，二楼临窗的地方借公园的自然景致开辟出特色的阅读区。古朴的楼房，搭配外景的开阔，营造了赏书卷山色、共享山居中自然悠闲的阅读生活。

C 空间布局 Space Planning

通过对建筑文化的理解，提炼出重点区域并加以分区，动线的规划简约明了，充分表现书香文化与民国风情的相结合。

D 设计选材 Materials & Cost Effectiveness

采用做旧原木还原建筑物本身的韵味，皮质沙发和一些有代表性的软装陈设，复古墨绿和原木栗色的碰撞，使整个空间自内而外地散发出民国时期特有的轻奢情怀。

E 使用效果 Fidelity to Client

完成后的书屋，自然、平淡、静谧，渗透着一种民国时期特有的风情。让书店陶冶情操的同时，让更多的人融入到民国时期的文化内涵和自然生态的环境中。特色的大梦也变成了鼓岭自然景观区中的一景。

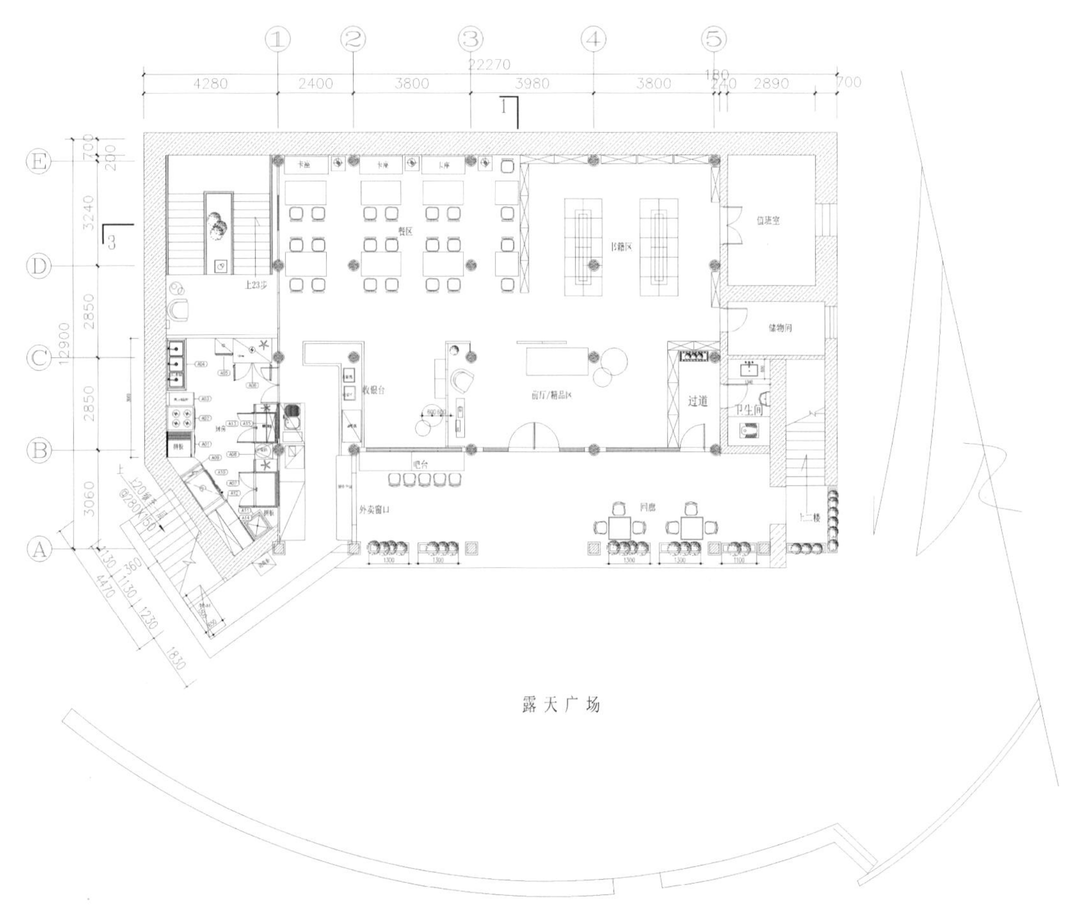

一层平面布置图

生长的记忆 美祥 1969 木制体验中心

GROWTH OF THE MEMORY-1969 MEIXIANG WOODEN EXPERIENCE CENTER

项目名称 _ *生长的记忆 美祥 1969 木制体验中心* / **主案设计** _ *曹刚、阎亚男* / **参与设计** _ *杨滔* / **项目地点** _ *河南省郑州市* / **项目面积** _*600 平方米* / **投资金额** _*120 万元* / **主要材料** _ *贴木皮圆管等*

A 项目定位 Design Proposition

记不清楚从哪个地方听到过这样一句话“现在放置肉身的建筑已经太多了”每次想到这句话就会不由自主的放下手中的工作沉思一会，空间里，没有了回忆，没有了交流，更没有了每个人的喜怒哀乐，整个空间仿佛都是合理的只有我们才是多余的。

B 环境风格 Creativity & Aesthetics

在项目中我们希望打造一个能与人的情绪产生对话的体验空间。在平面布置方面，利用对小山村山路与住户之间连接关系的理解，我们把本项目的平面当作一个小山村的规划来做，希望项目的公共部分与私密部分，山路坡道部分与每个家庭之间产生某种联系，让进去的人有似曾相识的感觉。

C 空间布局 Space Planning

整个空间都在与人产生互动，有情感的也有体感的。在空间中还对声音部分的控制上进行了设计，每间隔3分钟的几声鸟鸣也让人与空间与自然的共鸣有了新的连接点。在这种情绪的支配下三两好友在“村子”的道路中就能够沟通、畅聊、回忆。“各家各户”的私密空间，根据各自的用途，设计上也进行了特别的规划，有“李家”的客厅，里面还有几张门神，也有“王家”的餐厅，里面放置了几张八仙桌，还有竹编的盖筐，藤编的暖水瓶，掺有秸秆的灰墙。这一切的场景在设计中都是采用现代简约的设计方式去进行表现，让这些充满回忆的物件成为主角。

D 设计选材 Materials & Cost Effectiveness

设计中在公共走道部分，材料上选用了 1800 多根贴木皮圆管和上百斤的干树叶，希望让整个方案由平面生长为一个立体的空间，一个有回忆、有林、有路、有家、有记忆的空间。空间的配饰用了比较少的饰品，只是选用了一些能让人产生情绪共鸣的竹筐、树叶、朽木等，在空间中大量“留白”也希望给每一位体验者预留出各自的情绪链接空间。

E 使用效果 Fidelity to Client

运营后木制品定制方面有明显提升尤其是钢管贴木皮的木制品。

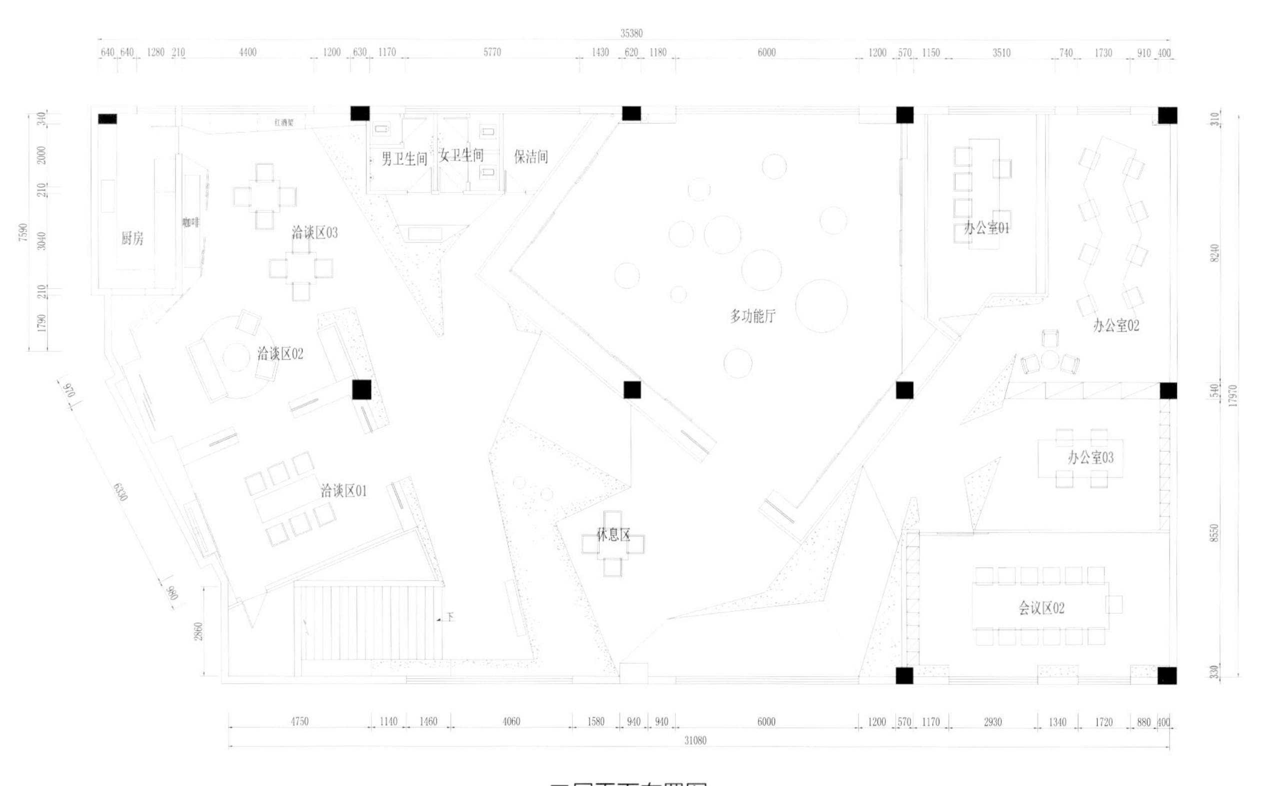
35380
640 640 1280 210 4400 1200 630 1170 5770 1430 620 1180 6000 1200 570 1150 3510 740 1730 910 400
厨房
咖啡
洽谈区03
男卫生间
女卫生间
保洁间
多功能厅
办公室01
办公室02
洽谈区02
办公室03
洽谈区01
休息区
会议区02
4750 1140 1460 4060 1580 940 940 6000 1200 570 1170 2930 1340 1720 880 400
31080

二层平面布置图

新华里咖啡书屋

XINHUA BOOKSTORE CAFE

项目名称 _ *新华里咖啡书屋* / **主案设计** _ *杨奕* / **项目地点** _ *陕西省西安市* / **项目面积** _ *1200 平方米* / **投资金额** _ *350 万元* / **主要材料** _ *欧松板*

A 项目定位 Design Proposition

西安市新华书店小寨店的改造升级迫在眉睫，我们将打造一个汇集怀旧、个性、艺术、特色、文化于一体的新新青年时尚的文化空间。

B 环境风格 Creativity & Aesthetics

结合项目的地理特征，又结合项目未来的目的是营造一个适合年轻人聚集的场所，我们在保留“新华”二字的前提下，为本项目命名为“新华里”，意为打造新华书店的中高端文艺品牌，营造一个以书为载体的艺术、文艺、时尚的咖啡书屋。一些看似不规则但却自有章法的陈列书架，以及地上随意摆放的“折纸帆船”，寓意着我们在孩提时就不断听说的名词——“书的海洋”。新华里就很任性地在每一层都放置了高大上的休憩座椅，可以单独体会，可以四人一组，也可以重温大学图书馆的排排坐。真正的咖啡书屋其实在三层，由年轻人喜欢的冰淇淋品牌“芭斯罗缤”与新华里联手运营的三层空间，肯定可以给大家带来意想不到的舒适与惬意。地下一层是互动交流空间，营造一个类似大学图书馆的阶梯区域，随意的拿几本书放在台阶上，席地而坐可以看一下午。

C 空间布局 Space Planning

原先的入口大厅已经具备了 8 米的挑空空间，有很好的空间感受，经与结构方的探讨后，去除了二层过于传统的半圆挑台，形成了有视觉张力的入口大厅效果。

D 设计选材 Materials & Cost Effectiveness

一二层的书柜陈列展示空间大量运用了“欧松板”绿色健康的环保型材料，欧松板的甲醛释放量几乎为零，是目前市场上最高等级的装饰板材，是真正的绿色环保建材，完全满足现在及将来人们对环保和健康生活的要求。

E 使用效果 Fidelity to Client

新华里，具有城市文化标签闹中取静的特色书城。满足周边人群需求，配合周边业态分布，应发挥其区域优势，一改传统面容，引领潮流，打造一个以年轻人为主，具有城市文化标签的闹中取静的特色书城。

THE COFFEE BOOKS
咖啡书屋
创意阅读
文学 艺术 时尚 旅行

生活与书
畅销排行
Best Sellers
人生哲学

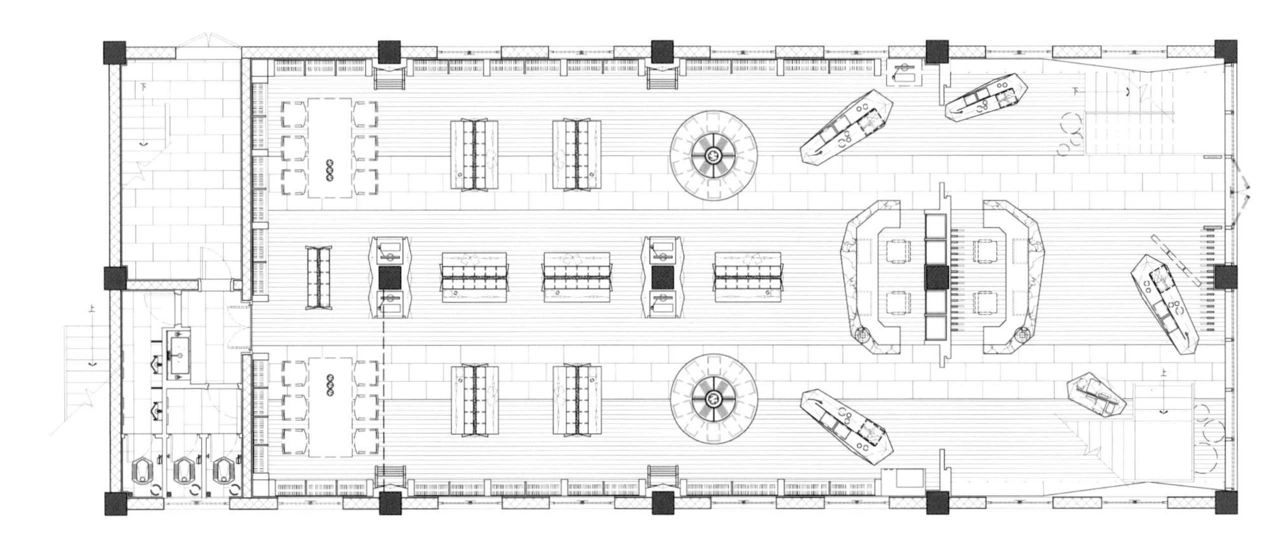

一层平面布置图

小说
散文
人物
游记
畅销排行
Best Sellers

音乐
美术
影视
摄影
设计
Designing
音乐美术
Music & Fine Art

随笔游记
Eassy
畅销排行
Best Sellers
当代小说
Contemporary Fiction
店长推荐
灭火器箱

决定健康
百科

伴读
卡漫

Plus 服装店
PLUS CLOTHING STORE

项目名称 _*Plus 服装店* / **主案设计** _ *何靓* / **参与设计** _ *李远征、汤璇* / **项目地点** _ *四川省成都市* / **项目面积** _*60 平方米* / **投资金额** _*20 万元*

A 项目定位 Design Proposition

商业设计不同于家装，业主的目的在于通过富有创意的空间更好地销售产品。站在这一角度进行深入的思考，提出：一切从商业营销及客户体验出发的设计主张。并由此展开空间布局。

B 环境风格 Creativity & Aesthetics

光源运用除对货品做重点照明外皆以柔和的亮度出现，和镂空的 logo 交织而成的光影关系使空间极富律动感。此种“无异形，不设计”的设计宗旨，让商业价值和顾客体验都得以最大程度的升华。

C 空间布局 Space Planning

为了让顾客最方便、最直观、最清楚地接触商品，将货品陈列全部紧贴墙壁，收纳箱以装置形式置于墙底，货品的展示也一改之前的紧凑感，根据色系及材质不同进行归纳排列，并对产品做重点照明，清楚地展现货品的品质感，完全符合了 PLUS 高端品牌的定位。

D 设计选材 Materials & Cost Effectiveness

空间视觉上用简练的几何形态设计手法构造了时髦的几何群组，既现代又毫无缀饰感。空间背景用白色打底，其目的是既突出货品的特色，给顾客形成视觉记忆又让局促的空间在视觉上得以放大。

E 使用效果 Fidelity to Client

外观使用黑镜钢盒镶嵌亚克力内光源对 PLUS 店名进行装置构建，将招牌、橱窗、店门几个功能合为一体，呈现出强烈的门脸视觉。在整片商业圈既显眼又独特，远远望去甚至有种地标性的建筑感。

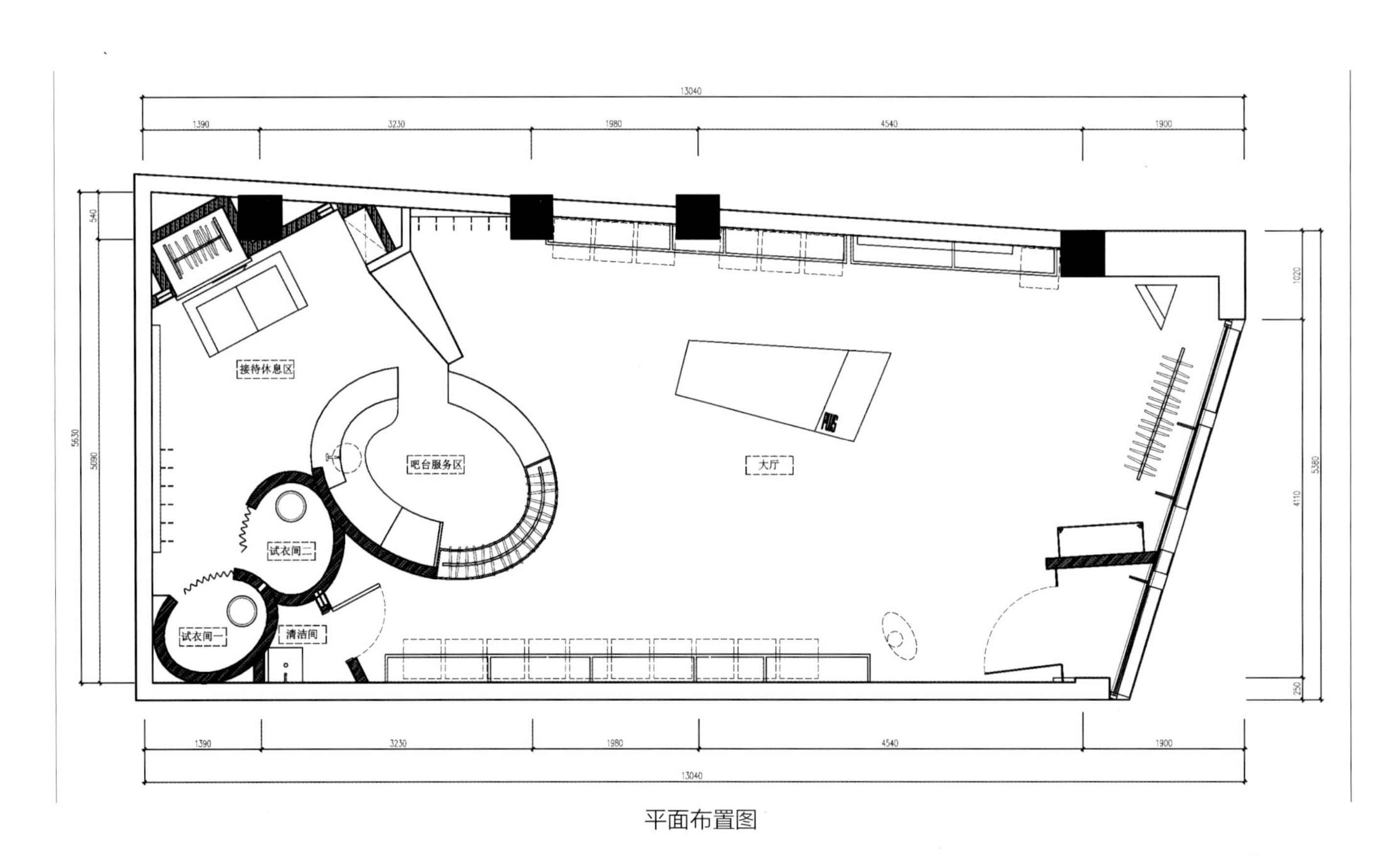
13040
1390
3230
1980
4540
1900
540
5630
5090
1020
5380
4110
250
接待休息区
吧台服务区
大厅
试衣间二
试衣间一
清洁间

平面布置图

S.life 生活馆

S.LIFE LIFE MUSEUM

项目名称 _S.life 生活馆 / **主案设计** _ 文超 / **项目地点** _ 重庆市江北区 / **项目面积** _300 平方米 / **投资金额** _100 万元 / **主要材料** _ 涂料、碳钢板、铁艺、玻璃

A 项目定位 Design Proposition

首先于重庆而言，还没有这样综合性较强的集合购物与休闲于一体的线下体验空间，从实体商业角度而言值得探索与挖掘，也为消费客群提供了更多元化的消费体验形式；同时也为重庆文创产业运营模式开拓了一个新的篇章。

B 环境风格 Creativity & Aesthetics

空间环境上，我们力求没有风格的约束，现代、复古、质朴、工业传承的元素都在该空间得以体现，绿植与北欧风格的木质家具为咖啡休闲空间创造了良好的氛围环境，其次，也为后期的产品消费奠定了基础；阳光、空气、生活是其主要组成部分。

C 空间布局 Space Planning

空间布局上，我们抛弃了既定的空间间隔思维模式，运用产品自身的多样性营造各自独立的空间氛围，地台与转折的交通设置，让本身安静、空旷的空间有了一定的步入仪式感，为整体氛围营造，创造了前提条件。而咖啡吧台的设置，不仅满足了客群的休闲需要，也兼顾了传统零售业的收银条件，让客群更容易接受与亲近；同时，售卖家具与植物、手作品的布置，也为咖啡休闲以及客群休息创造了条件，同时达到用户体验的积极目的，从而促使客群通过体验，产生消费。

D 设计选材 Materials & Cost Effectiveness

在材质的选材与运用上，更加注重空间对于材质本身的需求，而非用独特的装饰材料抢掉空间本身的风头；简约却不简单，特别是传统水磨石的几种处理形式，加上独特的麦穗涂料、碳钢板与铁艺、玻璃的运用，为空间营造出了一种大气、宁静、干练的空间氛围，也同时，让空间作为背景退了下去，为产品自身的推出，创造了恰到好处的条件。

E 使用效果 Fidelity to Client

该作品在投入运营后，首先得到了消费者的一致认可，并在重庆零售业及文创业界掀起了一波参观潮及讨论，新的实体零售店运营模式孕育而生，并且实际经营收获颇丰。

向：
S.life
香港城店 2013年12月25日
南滨路店 2014年12月21日
致敬！

YIGO
慢生活
基本需求
S.life

英良石材档案馆
YINGLIANG STONE ARCHIVES

项目名称 _英良石材档案馆 / **主案设计** _卜骁骏 / **参与设计** _张继元、覃凯、李振伟、杜德虎、刘同伟 / **项目地点** _北京市朝阳区 / **项目面积** _472 平方米 / **投资金额** _280 万元 / **主要材料** _钢板、石材

A 项目定位 Design Proposition
本作品将石材这个商品内容的文化感充分发掘出来，并从材料本身的创造性使用方法、表现手法、再造空间的能力对产品本身通过设计师的努力做到了一次再激活，不光是新的石头材料，甚至是废弃的石材都予以了新的生命。

B 环境风格 Creativity & Aesthetics
本设计大量采用了毛石、山皮等表达人与自然角力的一刹那的文化产物作为展厅的主要定调材料，通过各种不同粗糙到精致、自然到人工的石材肌理的不同表达，充分表现人与石材的对话的痕迹，从而表达出人对自然的尊敬和人的工匠精神。

C 空间布局 Space Planning
本项目最大的空间特征就是其丰富的空间故事性：在沿街立面上，由废旧石堆砌成的屏风将建筑的特性展示出来进门之后一堵倾斜带有极强烈空间感的石墙展示了石材与人类的角力、每一块毛石都闪闪发光而讲述着自己的身世，当人从这里走过时会有心灵安静下来的感受；在主展厅之前还会看见一个平静的庭院，是由街道面上的屏风围合而成的；进入主展厅是故事的高潮，漂浮在空气中的毛石造成了极大的奇观，同时又是石材展览的背景；最后是餐厅，在这里，最为现代和华丽的石材应用在这里展现，给人们以极大的猎奇心理的满足感。这种故事性最终形成了空间与时间的流动性，带给了观者以丰富的感官与精神上的体验与愉快。

D 设计选材 Materials & Cost Effectiveness
本设计尽量采用毛石、原始开山面等来表达石材的原始力度，从而衬托商品石材的精致与工艺。大量热压钢板的使用一方面是力学需要，一方面是其文化上暗示了钢材是人类唯一用来加工石材的材料，而在精致的石材应用一方面，我们则着重表达石材的受力极限和其柔软的表现力。

E 使用效果 Fidelity to Client
本项目受到一致好评。

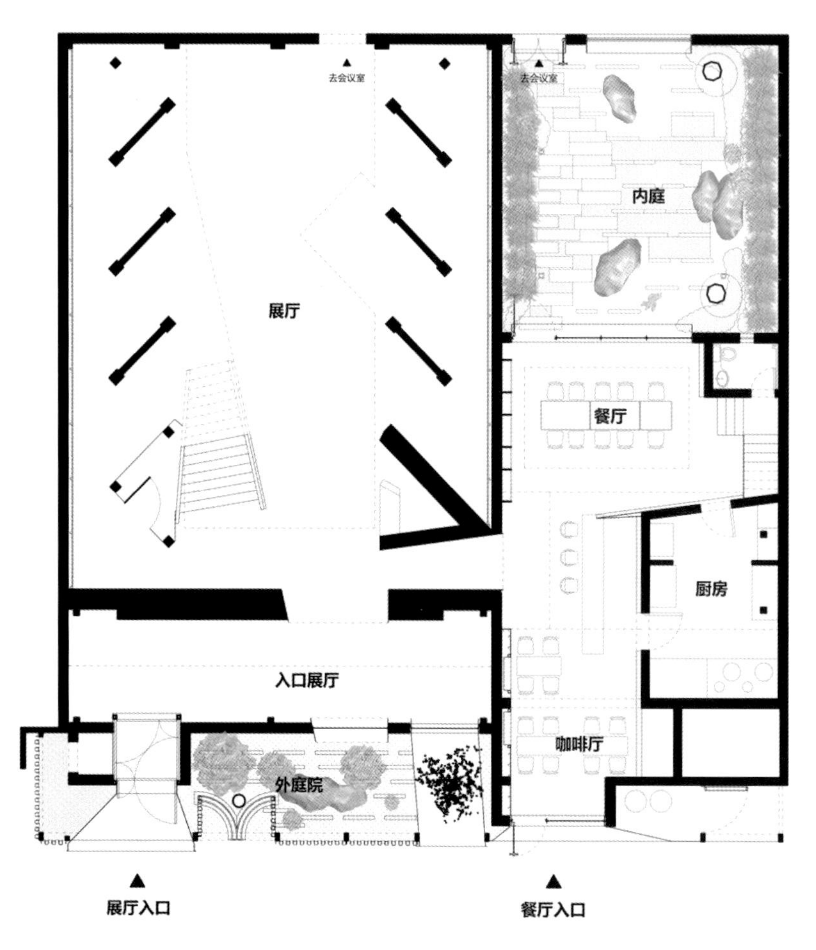

一层平面布置图

Blackzmith
BLACKZMITH

项目名称 _*Blackzmith*/ **主案设计** _ *佐佐木力* / **项目地点** _ *香港油尖旺区* / **项目面积** _*30 平方米* / **投资金额** _*70 万元*

A 项目定位 Design Proposition

Blackzmith 是一间搜罗了世界多个知名眼镜品牌在内的一间眼镜店，当中包括 MYTY、P&MW、HOET 及 EDWARDMARTIN 等等的知名品牌，所选的眼镜都是最流行的，全都是拥有独特的造型、材料及颜色，而有别于其他眼镜店的地方就是 Blackzmith 有设计自家品牌的眼镜。

B 环境风格 Creativity & Aesthetics

在香港这个购物天堂中，尖沙咀可以说是香港的中心，而在 2010 年开幕的商场“The one”更加成为了香港的新地标，成为了潮流最新信息的集结地。而 Blackzmith 的店则以品牌中心“Chic Elegant and Stylish”路线站立在这个潮流集结地上。

C 空间布局 Space Planning

Blackzmith 的店只有 30 平方米大小，我们想尽量把店铺的空间感扩大，以简单的布局来达到最多空间感，所以我们先把验眼区、收银区及储物区放一边，而店的中间则以中岛展示台用作来引导客人的行走路线，让客人达到最佳的购物体验。

D 设计选材 Materials & Cost Effectiveness

Blackzmith 利用黑色及白色作为主要色调，线条及对比效果对比非常强烈及明显，空间感感觉较冷。同时我们在地面上利用黄色作为空间上的暖色，刚好中和冰冷的感觉，减少客人的压力，而在道具上我们选用了带有工业味道的椅子、吊灯来衬托出“Chic Elegant and Stylish”来配合 Blackzmith 想带给客人的形象。

E 使用效果 Fidelity to Client

Blackzmith 店投入营运后，型格的设计能够吸引到很多年青的客人，客人在选购心仪眼镜外，店铺的形象亦深刻印在客人的心中，客户亦十分满意设计所带出的效果。

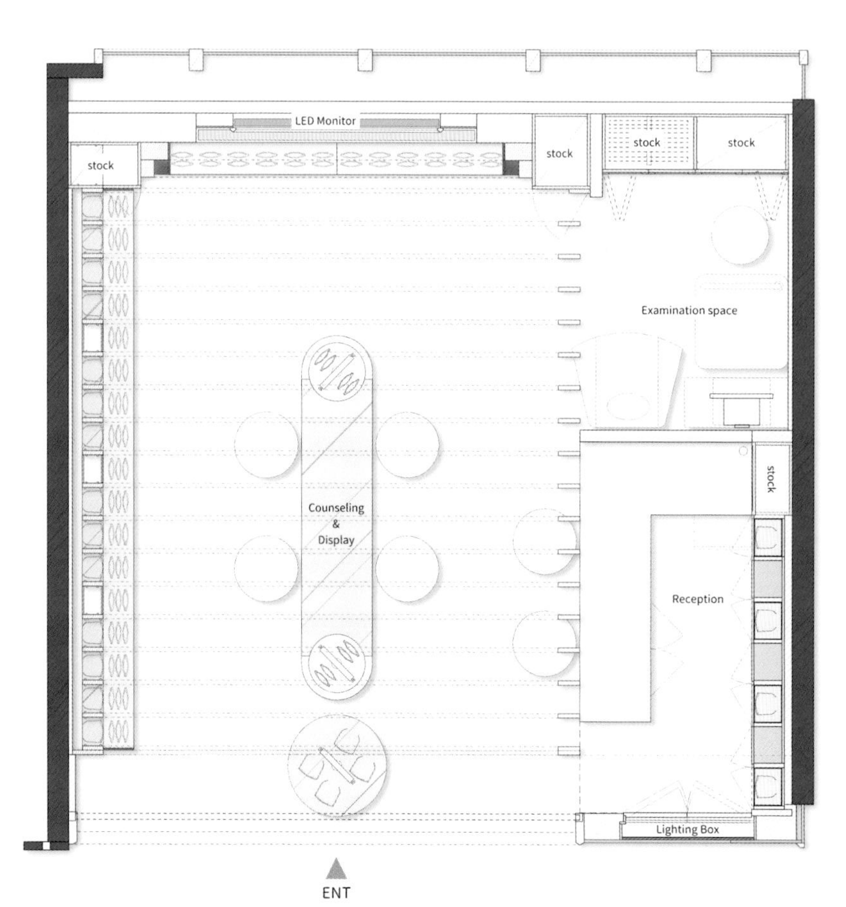
LED Monitor
stock
stock
stock
stock
Examination space
Counseling
&
Display
stock
Reception
Lighting Box
ENT

平面布置图

瑞欧典藏家饰高雄店
DE SEDE COLLECTION FURNISHINGS STORE IN KAOHSIUNG

项目名称 _ 瑞欧典藏家饰高雄店 / **主案设计** _ 罗耕甫 / **项目地点** _ 台湾高雄市 / **项目面积** _400 平方米 / **投资金额** _318 万元 / **主要材料** _ 镀钛钢板、清水模、实木

A 项目定位 Design Proposition

事务所在空间的设计上，以突显产品的价值性做思考，在氛围与空间颜色的呈现较为冷调，让消费者对于产品的视觉与触觉能有更好的感受。

B 环境风格 Creativity & Aesthetics

事务所在空间的设计上，以突显产品的价值性做思考，在氛围与空间颜色的呈现较为冷调，让消费者对于产品的视觉与触觉能有更好的感受。

C 空间布局 Space Planning

基地位于台湾高雄，是一个品牌家具的展售空间，它包含了展示区与服务空间，考虑服务动线，后勤服务位在展场中间，石材地坪的色块提供了空间的指向性，利用地坪向高度延伸出一个斜坡向上的平台，这处平台是一个生活的场域，也作为选择家具材料以及皮革颜色的配样区。 为创造上下楼层的链接性，使用结构独立的悬臂阶梯设计，搭配透明玻璃，来塑造每个踏阶的独立感，同时保有主墙立面的完整性，并以毛丝面钢板做楼层间的串联，拾阶而上，设置了隐藏屏幕，提供全新的动线体验，来到 2 楼，墙面采用木纹清水模搭配圆弧镀钛铁件，以软化规则的线条，创造冲突的协调感。

D 设计选材 Materials & Cost Effectiveness

左侧延伸 1 至 2 楼的墙面，选用了清水模作为冷调的表现，并以铝隔栅贯通两个楼层，作为空间的整合材，以线性隔栅将梁柱包覆，构筑成为一个完整的面，其感光后展现差异性的色泽，展现一种利落、自然的美感，地板大面积使用消光面的木地板材料，使空间增加自然感，并与铝隔栅相互呼应，让空间感更为延展。来到 2 楼，墙面采用木纹清水模搭配圆弧镀钛铁件，以软化规则的线条，创造冲突的协调感。

E 使用效果 Fidelity to Client

展现了品牌的价值感，不只无形中驻留了人们的脚步，更层层交织出空间语言的起承转合，在诗性的吉光片羽中，散发出独有的魅力。

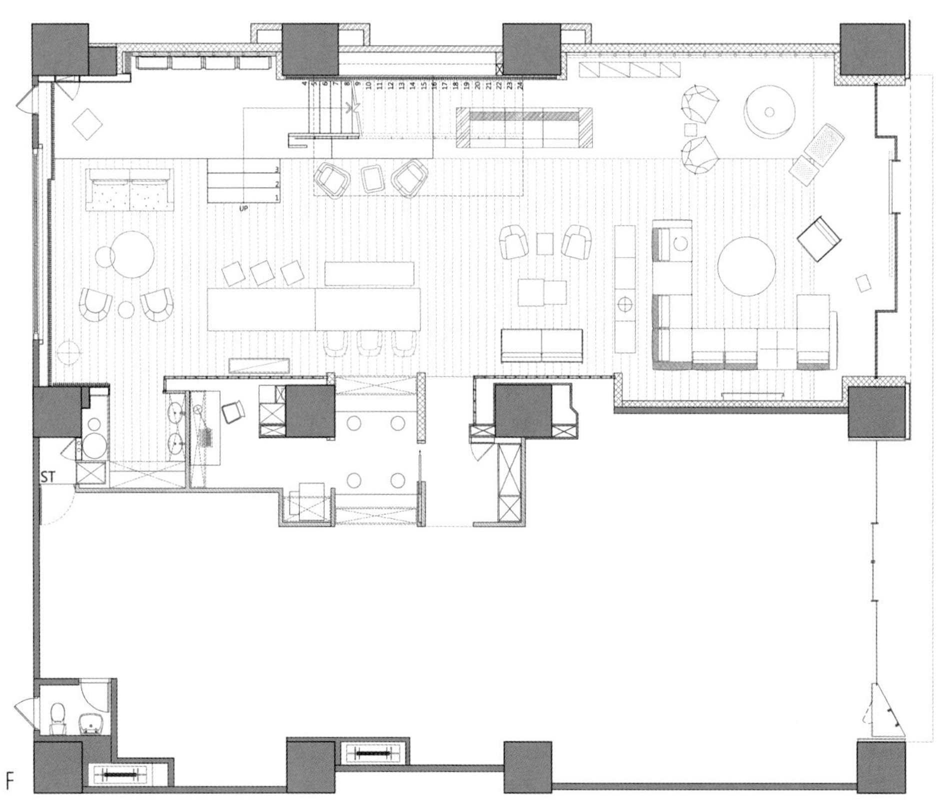

一层平面布置图